Auslegung einer Biogasanlage mit anschließender Wirtschaftlichkeitsanalyse

Simon Nikolaus Müller

Bibliografische Information der Deutschen Nationalbibliothek:

Die Deutsche Nationalbibliothek verzeichnet diese Publikation in der Deutschen Nationalbibliografie; detaillierte bibliografische Daten sind im Internet über http://dnb.d-nb.de abrufbar.

ISBN: 9783346738745
Dieses Buch ist auch als E-Book erhältlich.

Technische Hochschule Ingolstadt

Fakultät Maschinenbau

Bachelorstudiengang der *Energietechnik und Erneuerbaren Energien*

Auslegung einer Biogasanlage mit anschließender Wirtschaftlichkeitsanalyse

Seminararbeit im Fach Biogasanlagen

erstellt durch

Simon Müller

Abgabetermin: 20.07.2020

Inhalt

1. Einleitung

„Ja, wir könnten jetzt was gegen den Klimawandel tun, aber wenn wir dann in 50 Jahren fest-stellen würden, dass sich alle Wissenschaftler doch vertan haben und es gar keine Klimaer-wärmung gibt, dann hätten wir völlig ohne Grund dafür gesorgt, dass man selbst in den Städ-ten die Luft wieder atmen kann, dass die Flüsse nicht mehr giftig sind, dass Autos weder Krach machen noch stinken und dass wir nicht mehr abhängig sind von Diktatoren und deren Ölvorkommen. Da würden wir uns schön ärgern." [1]

Absichtlich provozierend und etwas fehl am Platz, so kommt dieses einleitende Zitat daher. Zu erwarten wäre, dass sich eine Seminararbeit einer technischen Hochschule tatsächlich und ausschließlich mit technischen Aspekten beschäftigt. Doch bereits nach der ersten Zeile scheint es nun mit diesem rein mechanischen Ansatz vorbei zu sein und das ganz bewusst. Denn die Diskussion, die hinter politisierten Themenfeldern, wie den Erneuerbaren Energien und der Energiewende, denen auch diese Arbeit angehört, steckt, ist einfach zu wichtig und wird zu breit geführt, als dass man sich dem entziehen könnte. Ähnlich sieht dies Prof. Dr. Volker Quaschning. Er erachtet es nicht nur als unausweichlich solche Diskussionen zu füh-ren, „Vielmehr gehört es auch zu den Aufgaben der Ingenieurwissenschaften, sich mit den Folgen der Nutzung der entwickelten Technologie auseinanderzusetzen."[2]

Gerade die Einleitung bildet dafür den richtigen Rahmen und genau in diesem Zusammenhang steht auch das Zitat am Anfang. Es soll dazu anregen ein wenig über den Tellerrand hinaus zu blicken. Freilich kann dieser eine Satz nur bedingt größere Komplexitäten beleuchten, aber was das Zitat geradezu spielerisch schafft, ist es der Energiewende auch entkoppelt vom Kli-mawandel ein eigenes Existenzrecht zuzusprechen. Die angeführten Argumente der Luft- und Landschaftsverschmutzung, sowie der Rohstoffabhängigkeit von unberechenbaren Handels-partnern stellen dabei nur einen Bruchteil eines Füllkrugs an Problemen dar, dem eine Ener-giewende entgegenwirken kann und in Zukunft entgegenwirken muss. Diese Arbeit soll sich nun der Frage widmen, in wie weit Biogasanlagen Teil einer Lösung für die zuvor beschriebe-nen Probleme sein können.

An dieser Stelle wollen wir Professor Quaschning ein weiteres Mal bemühen, denn im gleichen Atemzug wie die Aussage zuvor, sagte er auch: **"Es muss [...] immer ein Kompromiss für die Darstellung der Thematik gefunden werden."**[3]

Diesen Ausgleich werden die folgenden Kapitel schaffen. Dort sollen vor allem die technische Auslegung und die wirtschaftliche Analyse einer Biogasanlage mit Blockheizkraftwerk beleuch-tet werden.

---

[1] Kling, 2018, S.75.
[2] Quaschning, 2019, S.5.
[3] Quaschning, 2019, S.5.

2. Darstellen der Gegebenheiten und Abschätzen des Anlagenpotenzials

Der betrachtete landwirtschaftliche Betrieb verfügt über einen Viehbestand von drei Pferden und vier Kälbern[4] (1,5 – 2 Jahren). Von den vorhandenen acht Hektar landwirtschaftlicher Fläche, werden aktuell 3,5 ha zur Futtermit-telbereitstellung genutzt. Der Rest ist nicht bewirtschaftet, wird jedoch zur Ausbringung von Gülle durch andere Landwirte genutzt. Jährliche handelt es sich dabei um 80 m³ Rindergülle. Tabelle 1 zeigt eine Aufführung der aktuell verfügbaren Substrate und der damit verbundenen Strommenge.

SUBSTRAT [1/a]	Masse [t]	Methanmenge [Nm³]	Elektr. Energie [kwh$_{el}$]
Rindergülle ($\cong$4 Milchkühe)	80	1.360	5.152
Festmist ($\cong$ 3 Pferde)	36	1.260	4.773
4,5 ha Energiepflanzen	187,2	15.471	58.608

Tabelle 1 - Substrate Ist-Zustand

Bei den Werten der Energiepflanzen handelt es sich um einen Durchschnittswert verschiedener Pflanzen[5]. Was genau auf den 4,5 Hektar angebaut werden soll und welche Energiemenge das Substrat dann hat, wird im Kapitel Substratauswahl näher beleuchtet, genau wie eine Steigerung der verwendeten Güllemenge.

Neben diesen Fakten zum Betrieb sollte noch erwähnt werden, dass in unmittelbarer Nähe zum Grundstück des Hofes ein Nahwärmenetz ausgebaut wird. Dieses soll durch eine Hackschnitzelanlage einen zentralen Teil der Gemeinde mit Wärme versorgen. Diese Tatsache hat zwar nichts mit der Anlagendimensionierung zu tun, sehr wohl aber mit dem Gesamtpotenzial der Anlage, da sie ausschlaggebend für die Verwendung der Abwärme des BHKWs der Biogasanlage ist. Eine genauere Betrachtung dieser Situation und der wirtschaftlichen Potenziale erfolgt im Kapitel Wärmenutzung.

---

[4] Mist der Kälber nicht bei Substrat für BGA berücksichtigt
[5] Vgl. FNR, 2014.

3. Anlagenauslegung

3.1 Technische Betrachtung

In diesem Kapitel soll nun die technische Auslegung der Anlage erfolgen. Neben der Berechnung typischer Kennzahlen, wie der Faulraumbelastung oder der hydraulischen Verweilzeit, sollen auch die Auswahl wichtiger technische Anlagenkomponenten erläutert werden.

3.1.1 Substratauswahl und Biogasausbeute

Nachdem die Anlagenpotenziale zu Beginn bereits qualitativ analysiert wurden, soll nun eine erste quantitative Betrachtung erfolgen. Für diese erste Potenzialabschätzung wird davon ausgegangen, dass sowohl die Rindergülle als auch der Pferdemist für den Betrieb der Biogasanlage genutzt werden. Darüber hinaus sollen die verfügbaren 4,5 Hektar landwirtschaftliche Fläche zum Anbau von Energiepflanzen genutzt werden. Zwar bedeutet dies anfänglich einen gesteigerten Aufwand bei der Substratbereitstellung, doch neben der Ertragsteigerung kann durch die richtige Pflanzenauswahl die gesamte Anlage hinsichtlich Prozessstabilität und Regelaufwand positiv beeinflusst werden.

Konkret soll auf einem Großteil der Fläche (4 ha) im Wechsel Silomais, Getreide-Ganzpflanzensilage und Gras angepflanzt und geerntet werden. Auf eine Maisernte kann beispielsweise im Herbst Wintergetreide mit Gras als Untersaat ausgebracht werden. Die Ernte des Getreides erfolgt dann Ende Mai. Danach wird das Gras in mehreren Schritten eingebracht. Durch diese Fruchtfolgeauflockerung kommt es zu einer Minderung des Ertragsrisikos, die Bodenfruchtbarkeit wird gesteigert und Erosion wird durch ganzjährige Begrünung vermieden. Auf einer **kleineren Teilfläche, die schwerer zu bestellen ist, soll die Dauerkultur „Durchwachsene Silphie" angelegt** werden. Neben dem guten Ertrag bietet sie vor allem als Dauerblüher von Juni bis September eine reichhaltige Futterquelle für Insekten. Neben den in den letzten Jahren gesunkenen Etablierungskosten, zeigt der angedeutete Umweltgewinn, dass ein Anbau speziell auf ansonsten schwer nutzbaren Flächen sinnvoll ist, auch wenn diese geringer ausfallen als die für den Maisanbau.

Alles in allem reicht diese Substratmenge jedoch noch nicht aus, um die Errichtung einer Biogasanlage voranzutreiben. Deswegen wurden weitere Potenziale ermittelt und es wurde außerdem entschieden im folgenden Verlauf der Arbeit ein Szenario zu betrachten in dem hauptsächlich auf externen Güllebezug gesetzt wird, wie es aktuell bereits in einem kleineren Ausmaß der Fall ist. Benachbarte Landwirte, die bereits andere Felder zum Ausbringen ihrer Gülle nutzen, sollen dazu bewegt werden, den Wirtschaftsdünger für die Biogasanlage bereit zu stellen. Die daraus resultierende Substratzusammensetzung legt es nahe eine Anlagenvergütung nach EEG 2017 §44 anzustreben. Dort wird Förderung güllebasierter Kleinanlagen reglementiert. Für gewöhnlich nutzen Betriebe mit eigenem großen Viehbestand diese Möglichkeit zum Zusatzerwerb. Im Szenario dieser Seminararbeit soll nun betrachtet werden inwiefern sich dieser Paragraf für Landwirte eignet, die ihre Gülle hauptsächlich extern beziehen. Tabelle 2 zeigt den zu erwartenden Ertrag der verschiedenen Substrate.

Substrat [1/a]	Masse [t]	Methanmenge [Nm³]	Elektr. Energie [kwh$_{el}$]
Rindergülle (≅100 Milchkühe)	2000	34.000	128.800
Festmist (≅ 3 Pferde)	36	1.260	4.773
Silomais (≅ 1,33 ha)	66,5	6.577	24.912
Getreide-GPS (≅ 1,33 ha)	53,2	5.115	19.375
Grassilage (≅ 1,33 ha)	43,89	3.863	14.632
Durchwachsene Silphie (≅ 0,5 ha)	26,25	1.675	4.437
Gesamt	**2.226**	**52.489**	**198.836**

Tabelle 2 - Substrate Soll-Zustand

Die Menge an elektrischer Energie, die aus dem Substrat gewonnen wird, ermittelt sich unter der Annahme eines elektrischen Wirkungsgrads des BHKWs von 38 %. Legt man eine maximal mögliche Anzahl an Betriebsstunden von 8760 Stunden im Jahr zugrunde, erhält man folgende Bemessungsleistung für das BHKW:

$$P_{el} = \frac{Jahresenergiemenge}{Jahresbetriebsstunden} = \frac{196.929 \; kWh}{8760 \; h} = 22,7 \; kW$$

Da sich Anlagen die nach EEG 2017 §44 vergütet werden nicht für einen Flexibilitätszuschlag nach EEG 2017 § 50a qualifizieren, muss bei der Auswahl des BHKW-Motors nur ein Sicherheitszuschlag von 10% berücksichtigt werden. Dieser wird vorgesehen, um Biogasproduktionsspitzen ausnutzen zu können. Entsprechend der zu Beginn dargestellten Betriebsgröße fällt die Leistung des BHKWs auch nach Sicherheitsaufschlag mit insgesamt 25 kW Bemessungsleistung relativ gering aus.

3.1.2 Milieubedingungen

Der Fermentationsprozess soll im mesophilen Bereich zwischen 30 und 45 °C stattfinden. Die biologischen Verarbeitungsschritte laufen dadurch zwar langsamer ab als im thermophilen Betrieb, sind dafür allerdings stabiler. Leichte Temperaturschwankungen können besser verkraftet werden und es kommt seltener zu Prozessstörungen. Idealerweise läuft der Betrieb bei einem pH-Wert von 7.

Auf eine genauere Analyse der Makronährstoffe in der Substratzusammensetzung wurde an dieser Stelle verzichtet.

3.1.3 Reaktorvolumen und Faulraumbelastung

Zur Berechnung des Fermentervolumens werden zum einen die zugeführten Substratvolumen benötigt und zum anderen die mittlere hydraulische Verweilzeit (HRT). Diese gibt an, wie lange sich das Substrat durchschnittlich im Reaktorinneren befindet. Aufgrund des hohen

Gülleanteils mit geringem Trockensubstanzgehalt und unter Berücksichtigung der zu erwartenden Gasausbeute wurde eine Verweilzeit von 45 Tagen für die Auslegung angenommen. Sie liegt damit etwas unter dem Durchschnittswert bei einstufigen Anlagen[6].

$$\dot{V}_{Gülle} = \frac{2.000\ ^{m^3}/_a}{365\ ^d/_a} = 5{,}48\ ^{m^3}/_d \qquad\qquad \dot{V}_{Mais} = \frac{66{,}5\ ^{t\,FM}/_a}{365\ ^d/_a \times 0{,}65\ ^{t\,FM}/_{m^3}{}^7} = 0{,}28\ ^{m^3}/_d$$

$$\dot{V}_{Festmist} = \frac{36\ ^{t\,FM}/_a}{365\ ^d/_a \times 0{,}5\ ^{t\,FM}/_{m^3}{}^8} = 0{,}20\ ^{m^3}/_d \qquad \dot{V}_{GetreideGPS} = \frac{53{,}2\ ^{t\,FM}/_a}{365\ ^d/_a \times 0{,}625\ ^{t\,FM}/_{m^3}} = 0{,}23\ ^{m^3}/_d$$

$$\dot{V}_{Grassilage} = \frac{43{,}9\ ^{t\,FM}/_a}{365\ ^d/_a \times 0{,}5\ ^{t\,FM}/_{m^3}} = 0{,}24\ ^{m^3}/_d \qquad \dot{V}_{Silphie} = \frac{26{,}25\ ^{t\,FM}/_a}{365\ ^d/_a \times 0{,}5\ ^{t\,FM}/_{m^3}} = 0{,}14\ ^{m^3}/_d$$

$$V_R = HRT \times \sum \dot{V} = 50\ d \times (5{,}48 + 0{,}28 + 0{,}20 + 0{,}23 + 0{,}24 + 0{,}14)\ ^{m^3}/_d = 45\ d \times 6{,}57\ ^{m^3}/_d \cong \mathbf{295\ m^3}$$

Über das ermittelte Fermentervolumen und die Trockensubstanzgehalte der Substrate ist nun auch die Berechnung der Faulraumbelastung B_R möglich.

$$\dot{m}_{Gülle} = \frac{2.000\ ^t/_a}{365\ ^d/_a} = 5{,}48\ ^t/_d \qquad\qquad \dot{m}_{Mais} = \frac{66{,}5\ ^{t\,FM}/_a}{365\ ^d/_a} = 0{,}18\ ^t/_d$$

$$\dot{m}_{Festmist} = \frac{36\ ^{t\,FM}/_a}{365\ ^d/_a} = 0{,}10\ ^t/_d \qquad\qquad \dot{m}_{GetreideGPS} = \frac{53{,}2\ ^{t\,FM}/_a}{365\ ^d/_a} = 0{,}15\ ^t/_d$$

$$\dot{m}_{Grassilage} = \frac{43{,}9\ ^{t\,FM}/_a}{365\ ^d/_a} = 0{,}12\ ^t/_d \qquad\qquad \dot{m}_{Silphie} = \frac{26{,}25\ ^{t\,FM}/_a}{365\ ^d/_a} = 0{,}07\ ^t/_d$$

$$B_R = \frac{\sum_0^i \dot{m}_i \times TS_i \times oTS_i}{V_R} =$$

$$\frac{438\ ^{kg\,oTS}/_d + 56\ ^{kg\,oTS}/_d + 10\ ^{kg\,oTS}/_d + 47\ ^{kg\,oTS}/_d + 38\ ^{kg\,oTS}/_d + 19\ ^{kg\,oTS}/_d = 608}{295\ m^3} = \mathbf{2{,}06\ \frac{kg\,oTS}{m^3 \times d}}$$

Die Faulraumbelastung liegt mit 2,06 $\frac{kg\,oTS}{m^3 \times d}$ am unteren Rand des üblichen Spektrums von 2-3 $\frac{kg\,oTS}{m^3 \times d}$. Würde das Reaktorvolumen kleiner gewählt, könnte die Faulraumbelastung der Anlage noch erhöht werden und damit ein höhere, relative Gasproduktion erreicht werden. Gleichzeitig würde sich dabei jedoch die Verweilzeit verkürzen, die absolute Gasausbeute wäre geringer und es bestünde ein gesteigertes Risiko für Prozessstörungen.

Substrat	TS [%]	oTS [% TS]
Gülle	0,1	0,8[9]
Mist	0,25	0,8[9]
Silomais	0,33	0,95[10]
GetreideGPS	0,33	0,95[10]
Grassilage	0,35	0,9[10]
Silphie	0,30	0,9[10]

Tabelle 3 - TS- und oTS-Gehalte

---

[6] Vgl. FNR, 2014.
[7] Vgl. Bergophor, 2005.
[8] Vgl. Wissenschaftliche Dienste Deutscher Bundestag, 2017.
[9] Vgl. FNR, 2016, S. 69.
[10] Vgl. FNR, 2016, S. 76.

Da der Prozess als Nassfermentation mit kontinuierlicher Beschickung stattfinden soll, bietet sich ein Rührkesselfermenter an. Die Abmaße können bei einem festgelegten Verhältnis von Durchmesser zu Höhe von 3 zu 1 folgendermaßen theoretisch bestimmt werden:

$$V_R = \frac{\pi}{4}\, d^2 h = \frac{\pi}{12}\, d^3 \quad (f\ddot{u}r\; d = 3h)$$

$$d = \sqrt[3]{\frac{V_R \times 12}{\pi}} = 10,4\,m \;\rightarrow\; h = \frac{d}{3} + 0,5m = 3,97\,m$$

Bei der berechneten Höhe des Fermenters wurden 0,5 m Freiraum über dem Substrat berücksichtigt. Für die tatsächliche Umsetzung scheint es sich anzubieten die Maße auf 10 und 4 m für Durchmesser und Höhe anzupassen. Daraus würde sich ein aktives Fermentervolumen von 275 m³ ergeben. Für dieselben Substratmengen würde sich dann eine korrigierte Verweilzeit von 41,9 Tagen und eine Faulraumbelastung von 2,21 $\frac{kg\,oTS}{m^3 \times d}$ ergeben. Der zweite Wert befindet sich weiterhin im angestrebten Bereich zwischen 2 und 3 $\frac{kg\,oTS}{m^3 \times d}$. Bei der Verweilzeit handelt es sich weniger um eine Größe, die sich auf die Prozessstabilität auswirkt, sondern eher auf die Wirtschaftlichkeit und die relative Gasausbeute. In Anbetracht der Substratzusammensetzung und der eventuellen, wirtschaftlichen Vorteile bei der Anfangsinvestition durch die angepassten Maße, erscheint eine Verweilzeit von knapp 42 Tagen durchaus vertretbar.

3.1.2 Speichervolumen

Abgedeckt wird der Fermenter mit einer Folienhaube, die zugleich als Gasspeicher dient. Das Volumen diese Speichers soll nun als Kugelsegment berechnet werden. Der zuvor berechnete Durchmesser des Fermenters von 10 m wird dabei für den Basiskreis des Kugelsegments herangezogen. Darüber hinaus wird angenommen, dass sich die Folienhaube um maximal 3 m heben kann. Danach berechnet sich das Speichervolumen folgendermaßen:

$$V_{Speicher} = \frac{\pi}{6}h \times \left[3 \times \left(\frac{d}{2}\right)^2 + h^2\right] = \frac{\pi \times 3m}{6} \times \left[3 \times \left(\frac{10m}{2}\right)^2 + (3m)^2\right] = 132\,m^3$$

Nimmt man an, dass aus einem Kubikmeter Biogas durchschnittlich 2,55 kWh$_{el}$[11] gewonnen werden können, könnte die maximale Leistung des BHKWs von 25 kW allein durch das Entleeren des Speichers 13,5 h aufrechterhalten werden.

3.1.3 Prozesswärmebedarf

Die benötigte Prozesswärme setzt sich aus den Transmissionswärmeverlusten des Fermenters mit Folienhaube und der nötigen Erwärmung des zugeführten Substrats auf Milieutemperatur zusammen.

---

[11] Vgl. FNR, 2014.

Bei der Ermittlung der Wärmeübergangsverluste wurde die Bodenplatte des Fermenters vernachlässigt. Die wärmeübertragende Fläche des Fermenters berechnet sich demnach so:

$$A_{Fermenter} = \pi \times d_{Fermenter} \times h_{Fermenter} = \pi \times 10\,m \times 4\,m = \mathbf{125,66\ m^2}$$

$$A_{Kuppel} = \pi \times \left[(d_{Fermenter})^2 \times (h_{Kuppel})^2\right] = \pi \times [(10\,m)^2 + (3\,m)^2] = \mathbf{342,43 m^2}$$

Für den Fermenter wird darüber hinaus angenommen, dass er aus einer 0,2 m starken Betonwand besteht, an die sich außen eine 0,1 m dicke Dämmung anschließt. Der Wärmedurchgangskoeffizient gebräuchlicher Dämmungen liegt bei 0,04 $\frac{W}{m \times K}$[12]. Der Wert für die Betonwand wurde mit 2 $\frac{W}{m \times K}$[13] angenommen. Für gewöhnlich werden die Bereiche der Wand, die Flüssigkeit berühren, in der Festigkeitsklasse C25/30 ausgeführt und die, die im Gasraum liegen, mit Festigkeitsklasse C35/45[14].

Für die Kuppel wurde eine Foliendicke von 1,5 mm angesetzt. Der Wärmedurchgangskoeffizient wurde aufgrund des Folienmaterials mit 0,25 $\frac{W}{m^2 \times K}$ angesetzt. Der Wärmeübergangskoeffizient α_{innen} wird im Fall des Fermenters mit 700 $\frac{W}{m^2 \times K}$[15]angenommen, da es sich dort um einen Wärmeübergang zwischen einer Flüssigkeit und der Behälterwand handelt. Im Fall der Folienhaube wurde α_{innen} mit 5,8 $\frac{W}{m^2 \times K}$[16] angenommen, da es sich dabei um einen Wärmeübergang zwischen einem ruhenden Gas und einer Decke handelt. Für $\alpha_{außen}$ wurde in beiden Fällen mit einem Wert von 23 $\frac{W}{m^2 \times K}$[17] gerechnet. Nachdem alle benötigten Größen bestimmt wurden, erfolgt nun die Berechnung des Wärmeübergangs am Fermenter als Zylinderschale und die der Folienhaube als Kugelschale.

$$\dot{Q}_{Fermenter} = \frac{1}{\frac{1}{\alpha_{innen}} + \frac{r_1}{\lambda_{Beton}} \times \ln\left(\frac{r_2}{r_1}\right) + \frac{r_1}{\lambda_{Dämmung}} \times \ln\left(\frac{r_3}{r_2}\right) + \frac{r_1}{\alpha_{außen} \times r_3}} \times A_{Fermenter} \times (T_{innen} - T_{außen})$$

$$= 0{,}397 \frac{W}{m^2 \times K} \times 125{,}66\,m^2 \times (40°C - (-10°C)) = \mathbf{2,49\ kW}$$

$$\dot{Q}_{Kuppel} = \frac{1}{\frac{1}{\alpha_{innen}} + \frac{r_1{}^2}{\lambda_{Folie}} \times \left(\frac{1}{r_1} - \frac{1}{r_2}\right) + \frac{r_1{}^2}{\alpha_{außen} \times r_2{}^2}} \times A_{Kuppel} \times (T_{innen} - T_{außen})$$

$$= 4{,}5 \frac{W}{m^2 \times K} \times 342{,}43\,m^2 \times (40°C - (-10°C)) = \mathbf{77\ kW}$$

Das geometrisches Maß r_1 bei der Berechnung der Verluste der Kuppel steht dabei für den Radius der theoretischen Kugel, der die Folienkuppel als Kugelsegment angehört. Dieses

---

[12] Vgl. FNR, 2016, S.53.
[13] Vgl. schweizer-fn, 2020.
[14] Vgl. FNR, 2016, S.45.
[15] Vgl. Herr, 2006.
[16] Vgl. Hahne, 2010.
[17] Vgl. Hahne, 2010.

wurde über die Beziehung $r_1 = \frac{r^2_{Fermenter} + h^2_{Kuppel}}{2 \times h_{Kuppel}} = \frac{(5m)^2 + (3m)^2}{2 \times 3m} = 5{,}67\ m$ bestimmt. Als Innentemperatur wurde die Milieutemperatur des Systems mit 40°C angenommen. Kombiniert mit einer im Winter auftretenden Außentemperatur von -10°C errechnet man den maximal zu erwartende Wärmestrom. Klar zu erkennen ist, dass die Hauptverluste, wie zu erwarten, über die Kuppel auftreten. Anders als am Fermenter ist hier keine Dämmung vorzufinden. Das zeigt vor allem der Wärmedurchgangskoeffizient von 4,5 $\frac{W}{m^2 \times K}$. Kombiniert mit der großen Fläche der Kuppel führt er zu massiven Wärmeverlusten. Was bei diesem Ergebnis allerdings auch berücksichtigt werden sollte, ist, dass es sich dabei um die maximale Verlustleistung im Jahresverlauf handelt. Bei milderen Außentemperaturen werden auch die Einbußen deutlich gemäßigter ausfallen. Wie die Verluste in Realität ausfallen, hängt stark vom Aufbau der Folienhaube ab.

Die benötigte Wärmeleistung zur Temperierung des Substrats wird neben der zu überwindenden Temperaturdifferenz durch den Massenstrom und die Wärmekapazität des Substrats bestimmt. Da die zugeführte Masse überwiegend aus Wasser besteht, wurde die Wärmekapazität mit 4,2 $\frac{kJ}{kg \times K}$ angesetzt.

$$\dot{Q}_{Substrat} = \dot{m} \times c_p \times \Delta T = 2.226\ \frac{t}{a} \times 4{,}2\ \frac{kJ}{kg \times K} \times (40°C - 5°C) = 0{,}07\frac{kg}{s} \times 147\frac{kJ}{kg} = \mathbf{10{,}29\ kW}$$

3.1.4 Heizungsdimensionierung

Addiert man die zuvor berechneten Wärmeströme, so erhält man eine maximal benötigte Heizleistung von 89,78 kW. Die Bereitstellung dieser Wärme soll über eine Wandheizung erfolgen. Durch die Verlegung der Heizrohre vor und nicht in der Behälterwand sollen Kosten gespart werden. Dafür wird das Risiko der Beschädigung der freiliegenden Rohre im Fermenter in Kauf genommen. Die Problematik von Anbackungen an den Rohren kann durch die Regulierung der Heiztemperaturen gehandhabt werden. Ähnlich wie im Kapitel zuvor soll nun auch die Wärmeübertragung von den Heizrohren auf das Substrat beleuchtet werden. Die Vorlauftemperatur des Systems soll bei 65°C liegen und die Rücklauftemperatur bei 50°C. Als Heizrohre sollen Edelstahlglattrohre des Typs 1.4301 mit einem Außendurmesser von 80 mm und 2 mm Wandstärke verwendet werden. Diese besitzen für gewöhnlich eine Wärmeleitfähigkeit von 15 $\frac{W}{m \times K}$. Weitere für die Berechnung erforderliche Größen können Tabelle 4 entnommen werden. Die zusätzlich benötigte mittlere Temperaturdifferenz der Wärmeabgabe berechnet sich wie folgt:

	α [W/m²K]
Wärmeübergang im Rohr	2000
Wärmeübergang am Rohr	350

Tabelle 4 - Wärmeübergangskoeffizienten

$$\Delta T_M = \frac{T_{Vorlauf} - T_{Rücklauf}}{\ln\left(\frac{T_{Vorlauf} - T_{Substrat}}{T_{Rücklauf} - T_{Substrat}}\right)} = 16{,}4 K$$

Verwendet man im Anschluss die Formel zum stationären Wärmedurchgang an einer Zylinderschale und stellt diese um, so kann man die benötigte Heizrohrlänge ermitteln.

$$\dot{Q} = \frac{2\pi L}{\frac{1}{r_1 \alpha_1} + \frac{1}{r_2 \alpha_2} + \frac{1}{\lambda}\ln\left(\frac{r_2}{r_1}\right)} \times \Delta T_M$$

$$L = \frac{89780\,W \times \left(\frac{1}{0,038m \times 2000\frac{W}{m^2 \times K}} + \frac{1}{0,04m \times 350\frac{W}{m^2 \times K}} + \frac{1}{15\frac{W}{m \times K}} \times \ln\left(\frac{0,04m}{0,038m}\right)\right)}{2\pi \times 16,4K} = \mathbf{76,68\,m}$$

Ähnlich wie zuvor die Transmissionswärmeverluste, fällt auch dieser Wert verhältnismäßig groß aus. Durch optimierte Strömung im und am Heizrohr könnte die benötigte Länge noch verringert werden, um Materialkosten zu sparen. Neben der effektiven Umspülung der Rohre sollte auch darauf geachtet werden durch ausreichende Durchmischung eine gleichmäßige Temperatur im Substrat zu erreichen.

3.1.5 Rührwerk

Wie bereits zuvor angedeutet kommt der Durchmischung des Substrats eine wichtige Rolle zu. „Um eine hohe Biogasproduktion zu erreichen, ist ein intensiver Kontakt von Bakterien und Substrat erforderlich [...]."[18] Das dafür eingesetzte Rührwerk hat darüber hinaus den Zweck das Ausbilden von Sink- und Schwimmschichten zu vermeiden. Gleichzeitig darf es jedoch nicht dazu führen, dass der Lebensraum der Bakterien durch zu starkes Rühren belastet wird. Bei der geplanten Anlage soll deshalb ein höhenverstellbares Tauchmotorrührwerk mit schnelllaufendem Propeller zum Einsatz kommen. Durch die gute Beweglichkeit können alle Fermenterbereiche optimal konditioniert werden. Durch den geringen TS-Gehalt des Substrats besteht auch ein verringertes Risiko von Kavernenbildung, welches sonst ein Nachteil der schnelllaufenden Propeller ist. Sobald die Anlage in Betrieb ist, soll ein individuell angepasster Intervallbetrieb der Rührwerke zum einen das Bakterienwachstum schonen und zum anderen den Stromverbrauch reduzieren. Zumeist entfällt ein Großteil des elektrischen Eigenverbrauchs auf die Substratdurchmischung. Genau durch diesen erhöhten Energiebedarf bietet sich an dieser Stelle auch ein großes Optimierungspotenzial.

3.1.6 Substrathandhabung

Da die Gülle quasi ausschließlich von anderen Betrieben stammt, wird hier eine entsprechend große Vorgrube vorgesehen. Diese soll zum einen eine gewisse Flexibilität und Unabhängigkeit gewährleisten und zum anderen die Anzahl der nötigen Logistikfahrten reduzieren. Durch eine Vorgrube mit 40 m³ könnte die benötigte Güllemenge für eine Woche bevorratet werden. Wenn jährlich 2000 m³ Gülle genutzt werden sollen, müsste die Grube ungefähr 50-mal befüllt werden. Aufgeteilt auf die verschiedenen Landwirte aus der Gegend, die dazu bewegt werden

---

[18] FNR, 2016, S. 17.

sollen ihre Rindergülle zur Verfügung zu stellen, erscheint dies als eine vertretbare Annahme. Je näher der externe Landwirt an der geplanten Anlage wohnt und je mehr Landwirte sich zur Güllebereitstellung bereit erklären, desto geringer werden die Belastungen des einzelnen Landwirts.

Von der geplanten Vorgrube kann die Gülle dann über Rohrsysteme in den Fermenter gepumpt werden. Die Kosubstrate sollen durch Einmischung über denselben Weg in den Fermenter gelangen. Ob dies in der Form möglich ist, hängt vor allem vom Trockensubstanzgehalt des Substrats ab, da er die Pumpfähigkeit bestimmt. Berechnet wird er nach folgender Formel. Dort werden die verschiedenen Substrate mit ihren Trockensubstanzgehalten, wie in Tabelle 5 gezeigt, multipliziert. Anschließend werden diese aufsummiert und durch die Gesamtmasse geteilt.

Substrat	TS [%]	Masse [t]
Gülle	0,1	2000
Mist	0,25	36
Silomais	0,33	66,5
GetreideGPS	0,33	53,2
Grassilage	0,35	43,89
Silphie	0,30	26,25

Tabelle 5 - TS-Gehalt und Massenanteil

$$TS_{gesamt} = \frac{\sum_{i=1}^{n} m_i \times TS_i}{m_{gesamt}} = \frac{2000t \times 0,1 + 36t \times 0,25 + 66,5t \times 0,33 + 53,2t \times 0,35 + 43,89t \times 0,35 + 26,25t \times 0,3}{2.226t}$$

$$= 0,12 = \mathbf{12\,\%}$$

Mit 12 % liegt der Trockensubstanzgehalt im pumpfähigen Bereich.[19] Dies ist vorteilhaft, da dadurch auf eine zusätzliche Apparatur zur Feststoffeinbringung verzichtet werden kann.

3.1.7 Biogasaufbereitung

Bevor das in der Anlage gewonnene, rohe Biogas weiterverwendet werden kann, muss es noch konditioniert werden. Generell können eine Entwässerung, eine Entschwefelung und eine CO_2-Abscheidung vorgenommen werden. Da das Biogas in einem BHKW in Strom gewandelt werden soll, kann auf die letzte Maßnahme verzichtet werden. Würde das Gas hingegen in das Erdgasnetzt eingespeist, so müsste der CO_2-Gehalt auf unter 3% reduziert werden. Die nötige Entwässerung zur Verbrennung im Gas-Otto-Motor des BHKWs soll über eine einfache Abkühlung des Gases erfolgen. Durch den Temperatursprung von 40 auf 10°C verschiebt sich die Sättigungsmenge von Wasserdampf in der Luft und ein Großteil des Wassers fällt als Kondensat aus, welches am tiefsten Punkt der unterirdisch und mit Gefälle verlegten Kühlrohre abgeschieden wird. Diese Technik überzeugt durch ihre relative Einfachheit und geringe Investitionskosten, sowie entfallende Betriebskosten.

Eine Entschwefelung ist nötig, denn durch die „[...] Verbindung von Schwefelwasserstoff und dem im Biogas enthaltenen Wasserdampf kommt es zur Schwefelsäurebildung. Die Säuren greifen die zur Verwertung des Biogases verwendeten Motoren sowie vor- und

---

[19] Vgl. Bayerisches Landesamt für Umwelt, 2007, S.45.

nachgeschaltete Bauteile [...] an."[20] Im Fall der geplanten Anlage soll diese durch biologische Entschwefelung im Fermenter durch Zugabe von Luft erfolgen. Die damit erreichbare Entschwefelung von bis zu 95% ist zumeist ausreichend für die Verbrennungsmotoren im BHKW.

3.1.8 Gärrestlager

Seit dem EEG 2012 müssen Gärrestlager abgedeckt sein. Das dient vor allem dazu den Ausstoß klimaschädlicher Gase zu unterbinden.[21] Dort wird auch eine Mindestverweilzeit von 150 Tagen im gasdichten System vorgeschrieben. Abzüglich der 42 Tage im Fermenter bleiben also 108 Tage, die das Substrat im Gärrestlager verbleiben muss. Das Volumen des Gärrestbehälters berechnet sich wie beim Fermenter.

$$V_{Gärrestlager} = HRT \times \sum \dot{V} = 108 \, d \times 6{,}57 \; {m^3}/_d \cong 710 \, m^3$$

Neben den vermiedenen Treibhausgasemissionen führt diese Lagerung zu einer effizienteren Nutzung der Substrate. Das gewonnene Restgas kann zur zusätzlichen Verstromung genutzt werden. Im Umkehrschluss bedeutet das auch, dass bei gleichbleibender Motorauslastung Substratmengen auf der Inputseite eingespart werden können.[22] Die Gärrückstände, die dem Lager entnommen werden, werden laut DüMV als Wirtschaftsdünger angesehen. Welches wirtschaftliche Potenzial daran festgemacht werden kann, soll in Kapitel 3.2.6 Gärrestnutzung analysiert werden.

3.1.9 Anlagenperipherie

Durch die Überwachung und Steuerung der Anlage lassen sich Stillstandszeiten im Betrieb der Anlage minimieren. Im Folgenden folgt eine grobe Auswahl der nötigen Anlagenperipherie, um diese Steuerung zu ermöglichen. Generell ist zu empfehlen so viele Messeinheiten wie möglich als online-Version auszuführen. Dadurch kann die Datenzusammenführung automatisiert werden und es besteht zumindest die Möglichkeit nach zu Beginn händischer Regelung einen Steuerungsalgorithmus aufgrund der Erfahrungswerte zu erstellen.

Zum Ermitteln des Substratvolumens wird empfohlen einen induktiven Durchflussmesser zwischen Vorgrube und Fermenter zu installieren. Auf ähnliche Weise soll auf der anderen Seite auch die produzierte Gasmenge mittels einer thermischen Durchflussmessung überwacht werden. Aus dem Verlauf beider Größen lässt sich auch die substratspezifische Biogasproduktionsrate errechnen.

Darüber hinaus wird eine Überwachung der Gaszusammensetzung angestrebt. Durch elektrochemische Messungen lässt sich beispielsweise der H_2S-Gehalt im Gas bestimmen. Kombiniert mit einem geregelten Lüfter soll dadurch eine optimale Steuerung der biologischen Entschwefelung ermöglicht werden.

---

[20] FNR, 2016, S.106.
[21] Vgl. Umweltbundesamt, 2019, S.131.
[22] FNR, 2016; S.188.

Um den Prozess an sich überwachen zu können und nicht nur die Stoffflüsse, ist der Einbau eines Temperaturfühlers und einer Redox-Sonde vorgesehen. Ersteres soll verständlicherweise die passgerechte Steuerung der Heizung ermöglichen, um ein möglichst stabiles Temperaturniveau für die Fermentation zu erreichen. Die Redox-Sonde soll als Hilfsmittel zur Detektion von Prozessstörungen eingesetzt werden. Im Gegensatz zu pH-Messungen soll durch eine geringere Verzögerungszeit schnell und zielgerecht auf Probleme wie unzureichende Durchmischung oder zu hohe Faulraumbelastung reagiert werden können.

3.2 Wirtschaftliche Betrachtung

Die wirtschaftliche Situation der geplanten Biogasanlage mit BHKW soll nun mittels einer einfachen Kosten-Nutzen-Analyse aufgezeigt werden. Auf der Ausgabenseite schlagen kapitalgebundene, bedarfsgebundene und betriebsgebundene Kosten zu Buche. Erlöse können dagegen aus der Strom- und Wärmebereitstellung sowie der Gärrestnutzung generiert werden.

3.2.1 Kapitalgebundene Kosten

Ein Teil der Kosten entsteht durch die nötige Anfangsinvestition zur Errichtung der Biogasanlage. Weil nur zum Teil vollständige Angebote für eine solche Anlagenerrichtung eingeholt werden konnten, mussten hier Faustformeln bemüht werden. Ausgehend von den spezifischen Kosten verschiedener Anlagen zwischen 75 und 1000 kW_{el}[23] und einer logarithmisch fortgeführten Trendlinie wurden für die geplante Beispielanlage mit 25 kW_{el} spezifische Investitionskosten von 10.688 €/kW ermittelt. Für die Gesamtanlage ergibt sich demnach ein Kostenpunkt von 267.192 €. Berücksichtigt man den erhöhten Aufwand zur Anbindung der Anlage an das Wärmenetz erscheint eine Investitionskostenschätzung von 275.000 € zulässig. Unter der Annahme eines Kapitalzinses von 2% und einer Nutzungsdauer von 20 Jahren ergeben sich jährliche Kapitalkosten von 16.818,10 €.

Spezifische Investitionskosten	10.688 €/kW
Investitionskosten (ohne Wärmenetzanbindung)	267.192 €
Investitionskosten (mit Wärmenetzanbindung)	275.000 €
Jährliche Kapitalkosten	16.818,10 €

Tabelle 6 - Kapitalgebundene Kosten

3.2.2 Bedarfsgebundene Kosten

Die bedarfsgebundenen Kosten setzen sich aus den verschiedenen Substratmengen und deren Bereitstellungskosten zusammen. Tabelle 7 zeigt eine Aufführung davon.

Substrat	Substratmenge [t FM/a]	spezifische Kosten [€/t FM]	Jahreskosten [€/a]
Mais (1,33 ha)	67	32,00[24]	2.128,00
Getreide GPS (1,33ha)	53	47,00[24]	2.500,40
Grünland (1,33ha)	44	51,00[24]	2.238,39

---

[23] Vgl. FNR, 2014.
[24] Bayerische Landesanstalt für Landwirtschaft, 2008.

Silphie (0,5 ha)	26	41,00[25]	1.076,25
Pferdemist (3 Pferde)	36	0,00	-
Gülle (100 Kühe)	2.000	0,00	-
Jährliche Bedarfskosten			**7.943,04**

Tabelle 7 - Bedarfsgebundene Kosten

Mit knapp 8.000 € fallen diese ungefähr halb so hoch aus wie die jährlichen kapitalgebundenen Kosten.

3.2.3 Betriebsgebundene Kosten

Die betriebsgebundenen Kosten der Anlage setzen sich aus den Wartungskosten für Biogasanlage und BHKW, dem Versicherungsbeitrag und den Personalkosten zusammen. Für die Wartungskosten der Biogasanlage wurden jährlich 3% der Investitionskosten angesetzt. Um die unterdurchschnittliche Größe der Anlage und die damit oft größeren spezifischen Kosten zu berücksichtigen, liegt dieser Wert etwas über der üblichen Spanne von 1-2%[26]. Aus dem gleichen Grund wurden auch die Kosten für die Wartung des BHKWs mit 2 ct/kWh$_{el}$, statt mit 1,5 ct/kWh$_{el}$[26] angesetzt. Die Versicherungskosten berechnen ergeben sich aus 0,5% der Investitionssumme. Die 375 Arbeitsstunden, die den Personalkosten zugrunde liegen stammen aus der Annahme, dass pro kW$_{el}$ 15 Stunden Arbeitszeit anfallen. Für Anlagengrößen zwischen 75 und 1000 kW liegen diese höchstens bei 8,5 Akh/kW$_{el}$[27].

	Menge [Einheit/a]	spezifische Kosten [€/Einheit]	Jahreskosten [€/a]
Wartung Biogasanlage	8.250,00	1	8.250,00
Wartung BHKW	3.936,72	1	3.936,72
Versicherung	1.375,00	1	1.375,00
Personal	375	30	11.250,00
Jährliche Betriebskosten			**24.811,72**

Tabelle 8 - Betriebsgebundene Kosten

Zusammengefasst belaufen sich die betriebsgebundenen Kosten auf 24.811,72 € und die Gesamtkosten – also kapital-, bedarfs- und betriebsgebundene Kosten – auf 49.572,86 €. Würden diese Kosten ausschließlich auf die gewonnene Strommenge von 196.836 kWh pro Jahr umgelegt, ergäben sich Stromgestehungskosten von 25,2 ct/kWh.

3.2.4 Stromerlös

Genau wie die Kosten setzen sich auch die Erlöse aus drei Unterpunkten zusammen. Sie entstehen aus der Stromvergütung, der Abwärmenutzung und der Gärrestverwertung. Wie bereits zuvor erwähnt, soll die Stromvergütung der Anlage nach EEG 2017 §44 erfolgen[28]. Um für den anzulegenden Wert von 23,14 ct/kWh qualifiziert zu sein, muss die Anlage drei Punkte erfüllen. Der Strom muss am Standort der Biogasanlage erzeugt werden, die maximale

---

[25] Vgl. Bayerische Landesanstalt für Landwirtschaft, 2020.
[26] Vgl. Kuratorium für Technik und Bauwesen in der Landwirtschaft, 2013.
[27] Vgl. FNR, 2014.
[28] Keine Teilnahme am Ausschreibungsverfahren.

installierte Leistung muss unter 150 kW liegen und in der Anlage müssen mindestens 80% der Masse aus Gülle bestehen[29]. Die geplante Anlage erfüllt alle drei Punkte. Für die Berechnung des Stromerlöses wurde deshalb eine feste Vergütung für die nächsten 20 Jahre angenommen. Für eine zusätzliche Vergütung nach EEG 2017 § 50 ff. durch einen Flexibilitätszuschlag qualifiziert sich die Anlage nicht.

$$Stromerlös = 196.836 \frac{kWh_{el}}{a} \times 0{,}2341 \frac{ct}{kWh_{el}} = \mathbf{46.079{,}30} \; \frac{€}{a}$$

3.2.5 Wärmenutzung

Die nutzbare Abwärme der Anlage wurde über die prognostizierte Methanmenge und den thermischen Wirkungsgrad des BHKWs abgeschätzt. Im Gegensatz zum elektrischen Wirkungsgrad, der für die Berechnung der Strommenge genutzt wurde, liegt dieser etwas höher und wurde mit 44% angenommen. Des Weiteren wurde ein Eigenwärmebedarf x der Biogasanlage von 35 % berücksichtigt. Wegen der gezeigten, hohen Wärmeverluste und der Tatsache, dass diese Beispielinstallation eine güllebasierte Kleinanlage ist, wurde dieser Wert gezielt überdurchschnittlich hoch angesetzt.

$$E_{gesamt} = Methanmenge \times 9{,}97 \; \frac{kWh}{m^3} = 52.489 \; m^3 \times 9{,}97 \; \frac{kWh}{m^3} = 523{,}3 \; MWh$$

$$Q_{nutzbareAbwärme} = E_{gesamt} \times \eta_{th} \times (1 - x) = 523{,}3 \; MWh \times 0{,}44 \times 0{,}65 = \mathbf{149.663} \; kWh_{th}$$

Wie bereits zu Beginn der Arbeit erwähnt, bestehen aktuelle Gemeindebestrebungen zur Errichtung eines Nahwärmenetzes. Die aktuellen Planungsdaten können Tabelle 9 entnommen werden. Neben dem Haupterzeuger, der Hackschnitzelanlage soll ein weiterer Pelletkessel – der des örtlichen Schwimmbads – an das Nahwärmenetz angeschlossen werden.

Leistung der Hackschnitzelanlage [kW]	300 – 550
Jährliche Wärmemenge [MWh/a]	800 - 1200
Pufferspeichergröße [m³]	20 - 30

Tabelle 9 - Daten Nahwärmenetz

Auf dieselbe Weise soll auch die Einbindung der Abwärme der Beispielanlage erfolgen. Vorausgesetzt die Wärme kann komplett zu einem Preis von 3 $\frac{ct}{kWh_{th}}$ verkauft werden, ergibt sich daraus ein wirtschaftliches Potenzial von:

$$Wärmeerlös = 149.663 \; \frac{kWh_{th}}{a} \times 0{,}03 \frac{ct}{kWh_{th}} = \mathbf{4.489{,}89} \; \frac{€}{a}$$

3.2.6 Gärrestnutzung

Im Gegensatz zu den zuvor gezeigten Erlöspotenzialen, lässt sich ein Ertrag durch die Gärrestnutzung nur schwer beziffern. Im Fall der geplanten Anlage wäre beispielsweise eine Abtretung der Gärreste an die Landwirte, die ihre Gülle zur Verfügung gestellt haben, denkbar. Auch auf den Anbauflächen der pflanzlichen Substrate kann der Gärrest als Dünger eingesetzt werden. Weil es sich bei dieser Betrachtung allerdings eher um eine Sache der Vollständigkeit

---

[29] EEG 2017 §44 Abs.1 ff.

handelt und weniger um eine detaillierte Betrachtung, wurde der erzielbare Erlös lediglich mit 100 € pro Jahr in der Kosten-Nutzenanalyse berechnet.

3.2.7 Gegenüberstellung

Stellt man Kosten und Erlöse ge-genüber, so sieht man, dass sich durch den Betrieb der Anlage jähr-lich ungefähr 1000 € Gewinn erwirt-schaften lassen. Was allerdings auch berücksichtigt werden sollte, ist, dass viele Annahmen und Ab-schätzungen bei der Ermittlung die-ser Werte getroffen werden muss-

		Summe [€]
1.	Kapitalgebundene Kosten	16.818,10
2.	Bedarfsgebundene Kosten	7.943,04
3.	Betriebsgebundene Kosten	24.811,72
Gesamtkosten		**49.572,86**
4.	Stromerlös	46.079,31
5.	Wärmeerlös	4.489,89
6.	Einsparung Düngung	100,00
Gesamterlös		**50.669,20**
Jahresgewinn/-verlust		**+ 1.096,34**

Tabelle 10 - Kosten-Nutzen-Analyse

ten. Vor allem die Kostenseite bietet Raum für Abweichungen. Ein erster Schritt zur Minderung dieser Unsicherheiten, wäre das Einholen eines detaillierten Angebots für die Errichtung der Anlage.

4. Fazit

Im Verlauf dieser Arbeit wurden sowohl technische Voraussetzungen als auch wirtschaftliche Potenziale einer Biogasanlage aufgezeigt. Das überprüfte Konzept einer güllebasierten Kleinanlage mit überwiegend externem Bezug von Wirtschaftsdünger konnten neben seinem Klimaschutzpotenzial auch durch einen positiven Business-Case über-zeugen. Ein Teil dieser klimaschützenden Wirkung ergibt sich aus der Verwertung der Rinder-gülle in der Biogasanlage. Methanemissionen, die ansonsten bei der direkten Ausbringung auf dem Feld auftreten, können so deutlich reduziert werden. Darüber hinaus werden durch Bio-gasanlage und BHKW regenerativ Strom und Wärme bereitgestellt, welche kurzfristig fossile Kraftstoffe ersetzen und langfristig verdrängen. Kombiniert mit der gezeigten wirtschaftlichen Rentabilität, hat dieser zugegebenermaßen idealistische Gedanke und die ausgeplante Bio-gasanlage eine Relevanz über diese Seminararbeit hinaus.

Eine der größeren Ungewissheiten, die auch nach dieser Arbeit detaillierter betrachtet werden müsste, ist, ob sich genug Landwirte in unmittelbarer Umgebung bereiterklären ihre Gülle zur Verfügung zu stellen. Passiert dies nicht, so ist auch die Anlage nicht realisierbar. Ausschlag-gebend dafür könnte beispielsweise die Berücksichtigung des Landwirtschaftssektors bei der CO_2-Steuer mit **25 €/t** sein. Nicht nur das Potenzial der geplanten Anlage, sondern die Chan-cen aller güllebasierten Anlagen wären dadurch enorm verbessert. Wo zuvor nur große land-wirtschaftliche Betriebe mit eigenem Viehbestand investiert haben, hätten nun auch kleine bis mittlere Betriebe einen Anreiz. Wie und ob sich diese Entwicklungen einstellen, lässt sich je-doch nur schwer beurteilen.

5. Anhang

5.1   Abkürzungsverzeichnis

V	Volumen	L	Länge
$\dot{V}$	Volumenstrom	h	Höhe
m	Masse	d	Durchmesser
$\dot{m}$	Massenstrom	r	Radius
Q	Wärme	A	Fläche
$\dot{Q}$	Wärmestrom	FM	Frischmasse
E	Energie	TS	Trockensubstanz
P	Leistung	oTS	Organische Trockensubstanz
T	Temperatur	HRT	Hydraulische Verweilzeit
c_p	Wärmekapazität	B_R	Faulraumbelastung
α	Wärmeübergangskoeffizient	GPS	Ganzpflanzensilage
λ	Wärmeleitfähigkeit	Akh	Arbeitskraftstunde
η_{th}	Thermischer Wirkungsgrad	x	Eigenwärmebedarf

5.2   Tabellenverzeichnis

5.3   Literaturverzeichnis

BAYERISCHE LANDESANSTALT FÜR LANDWIRTSCHAFT, 2020. *LfL-Deckungsbeiträge und Kalkulationsdaten* [online]. *Durchwachsene Silphie*. Freising: Bayerische Landesanstalt für Landwirtschaft [Zugriff am: 05.07.2020]. Verfügbar unter: https://www.stmelf.bayern.de/idb/durchwachsenesilphie.html

BAYERISCHE LANDESANSTALT FÜR LANDWIRTSCHAFT, 2008. *Biogas* [online]. *Was kosten Substrate frei Fermenter?*. Freising: Lerchl-Druck [Zugriff am: 05.07.2020]. PDF e-book. Verfügbar unter: https://www.lfl.bayern.de/publikationen/informationen/041113/index.php

BAYERISCHES LANDESAMT FÜR UMWELT, 2007. *Biogashandbuch Bayern* [online]. *Materialienband*. Augsburg: - [Zugriff am: 30.06.2020]. PDF e-book. Verfügbar unter: https://www.lfu.bayern.de/energie/biogashandbuch/doc/kap1bis15.pdf

BERGOPHOR, 2005. *Raumgewichte ausgewählter Futtermittel*, 09.06.2018. Verfügbar unter: https://www.bergophor.de/documents/tabelle-raumgewichte-futtermittel.pdf.

FACHAGENTUR NACHWACHSENDE ROHSTOFFE e. V. (FNR), 2016. *Leitfaden Biogas: Von der Gewinnung zur Nutzung*. 7.Auflage. Rostock: Druckerei Weidner. ISBN 3-00-014333-5

FNR, 2014. *Faustzahlen Biogas*. Gülzow: FNR, 26.02.2014. Verfügbar unter: https://biogas.fnr.de/daten-und-fakten/faustzahlen/

HAHNE, Erich, 2010. *Technische Thermodynamik: Einführung und Anwendung*. 5., völlig überarbeitete Auflage. Berlin: De Gruyter Oldenbourg. ISBN 978-3-4865-9231-3

HERR, Horst, 2006. *Technische Physik: Wärmelehre*. 4. Auflage. Düsseldorf: Europa-Lehrmittel. ISBN 978-3-8085-5064-9

KLING, Marc-Uwe, 2018. Die Känguru-Apokryphen, 1. Auflage. Berlin: Ullstein Buchverlag GmbH. ISBN 978-3-8437-1821-9

KURATORIUM FÜR TECHNIK UND BAUWESEN IN DER LANDWIRTSCHAFT e.V., 2013. *Faustzahlen Biogas*. 3. Auflage. Darmstadt: KTBL Darmstadt. ISBN 978-3-941583-85-6

QUASCHNING, Volker, 2019. *Regenerative Energiesysteme: Technologie – Berechnung – Klimaschutz*. 10., aktualisierte und erweiterte Auflage. München: Carl Hanser Verlag. ISBN 978-3-446-46113-0

SCHWEIZER-FN, 2020. *Wärmeleitfähigkeit verschiedener Materialien* [online]. Friedrichshafen: Schweizer-fn [Zugriff am: 30.06.2020]. Verfügbar unter: https://www.schweizer-fn.de/stoff/wleit_isolierung/wleit_isolierung.php

UMWELTBUNDESAMT, 2019. *Aktuelle Entwicklung und Perspektiven der Biogasproduktion aus Bioabfall und Gülle* [online]. *Abschlussbericht*. Dessau-Roßlau: Umweltbundesamt [Zugriff am: 02.07.2020]. PDF e-Book. ISSN 1862-4804. Verfügbar unter: https://www.umweltbundesamt.de/sites/default/files/medien/1410/publikationen/2019-04-15_texte_41-2019_biogasproduktion.pdf

WISSENSCHAFTLICHE DIENSTE DEUTSCHER BUNDESTAG, 2017. *Kurzinformation* [online]. *Raumgewicht und Rauminhalt von Wirtschaftsdüngern*. Berlin: Wissenschaftliche Dienste Deutscher Bundestag [Zugriff am: 28.06.2020]. Verfügbar unter: https://www.bundestag.de/resource/blob/507410/6986502326ae55fce41ac3c4a563777d/WD-8-014-17-pdf-data.pdf

BEI GRIN MACHT SICH IHR WISSEN BEZAHLT

- Wir veröffentlichen Ihre Hausarbeit,
  Bachelor- und Masterarbeit

- Ihr eigenes eBook und Buch -
  weltweit in allen wichtigen Shops

- Verdienen Sie an jedem Verkauf

Jetzt bei www.GRIN.com hochladen
und kostenlos publizieren